SUPER KNOWLEDGE

超级涨知识

香港城市大学 研究员
李骁 主审　小猛犸童书　韩明 编著　马占奎 绘

绕不开的计量单位 ①

速度（猎豹跑得有多快？）

电子工业出版社·
Publishing House of Electronics Industry
北京·BEIJING

目录

什么是速度

和煦的春光下，公园里的人们开始晨练了：老人家缓慢而悠闲地散步，大学生模样的哥哥奋力奔跑着，几个调皮的小朋友蹬着滑板车飞驰——他们各自运动时的速度都不一样哦！

人类快速奔跑时的速度可达 28 千米 / 小时。那走路时的平均速度是多少呢？

老年人：平均速度为 4.51 ～ 4.75 千米 / 小时，也就是 1.25 ～ 1.32 米 / 秒

年轻人：平均速度为 5.32 ～ 5.43 千米 / 小时，也就是 1.48 ～ 1.51 米 / 秒

我们跑步的速度比走路的速度要快很多，正常人跑步的速度为 6 ～ 10 千米 / 小时，取中间值可以按 8 千米 / 小时来进行换算：

8 千米 / 小时 ≈ 133 米 / 分 ≈ 2.2 米 / 秒。

那么，到底什么是速度呢?

物理学中用速度来表示物体运动的快慢和方向。速度在数值上等于物体运动的位移与发生这段位移所用的时间的比值。

速度的常用单位有厘米／秒、米／秒和千米／小时等。在国际单位制中速度的基本单位是米／秒，符号为 m/s。在交通运输中，人们常常需要使用到速度中较大的数值，即千米／小时，用字母 km/h 表示。

在比较物体运动快慢时，我们要先统一单位，而后再将几个数值进行比较。它们之间的单位换算关系为 **1 米／秒 =3.6 千米／小时**。速度的大小，我们称为——**速率**。

TIPS:

你知道传说中的"飞人"能跑多快吗?

牙买加短跑运动员尤塞恩·博尔特有着"飞人"的美誉，在 2009 年 8 月 16 日的柏林田径世锦赛上，百米跑出 9.58 秒的好成绩，打破了世界纪录，成为首个百米跑进 9.6 秒大关的人。

音乐中速度的快与慢，会带给我们截然不同的体验。

正是这些快慢变换，构成了一首首动听的乐曲。

加速，减速

你知道交通指示牌中 120、40 这两个数字分别代表什么意思吗？

第一块指示牌：高速公路限速 120 千米 / 小时

第二块指示牌：前方施工，限速 40 千米 / 小时

根据常识，我们都知道：开车的时候，上高速公路后需要加速，走弯道或山路时需减速前行。那什么是加速，什么又是减速呢？

加速。

加速：指一个物体的速度由低到高地变化，也就是快起来。

减速。

减速：指一个物体的速度由高到低地变化，也就是慢下来。

减速带也叫减速垄，是安装在道路上使经过的车辆减速的交通设施。形状一般为条状，也有点状的；材质主要是橡胶，也有金属的；一般是黄色、黑色相间，以引起视觉注意，使路面稍微拱起，达到车辆减速的目的。

减速带一般设置在公路道口、工矿企业、学校、住宅小区等需要车辆减速慢行的路段和容易引发交通事故的路段，是用于降低机动车、非机动车行驶速度的新型交通专用安全设施。

快到加油站了，看！前方的地面上安装了很多减速带。减速带的作用是什么呢？

前方学校

动物世界中的快与慢

猎豹是不是世界上跑得最快的动物？

答案是：正确！

动物学家们通过研究发现：

黑熊奔跑的平均速度
为 52 千米 / 小时。

老虎奔跑的平均速度
为 65 千米 / 小时。

大象奔跑的平均速度
为 40 千米 / 小时。

非洲猎豹被称为非洲大草原上的**"速度之王"**，它是陆地上跑得最快的动物，从静止到最大速度的时间只需要 **4 秒**。奔跑的最快速度在 **110 千米 / 小时**以上！

这样一路比较下来，非洲猎豹可是名副其实的跑步冠军呢！

再来看看动物世界中的**爬行冠军**、**游泳冠军**和**飞行冠军**都是谁吧！

爬行类动物中的速度冠军是
美国大蜥蜴，在逃跑时，它的最
快速度可达到 24 千米 / 小时。

长距离游泳最快的鱼是**金枪鱼**，平
均速度为 30 ~ 50 千米 / 小时，如果是
高速游动，甚至可以到 160 千米 / 小时，
是游泳最快的海洋动物之一，比轮船正
常航行的速度要快 3 ~ 4 倍呢！

长距离飞行最快的动物是
褐雨燕（也称楼燕），它的平均
速度高达 170.98 千米 / 小时。

声音的传播速度有多快

回忆一下，阴雨天里，你是先看到闪电还是先听到雷声？

我们知道，声音是因物体的振动而产生的声波，通过介质（空气或固体、液体）传播到我们的听觉器官——耳朵中。声音没有重量、颜色、气味。**声音是一种波**，可以被人耳所识别。

声音可以传递人们所需的各种语言信息，使我们的生活更便捷美好。那么**声音在空气里的传播速度**会有多少呢？科学家们利用各种仪器测出声音在空气中的传播速度约为 *340 米 / 秒*。

那可不可以说：声音是不是速度最快的呢？显然答案是否定的。

伟大科学家爱因斯坦给出了这样的答案：**没有任何物体的速度能超越光速。**

光在真空中的速率是 299792458 米 / 秒，也就是约 3×10^5 千米 / 秒，是已知的速度上限。也正因如此，阴雨天中**我们是先看到闪电，后听到雷声。**

声速即声音传播的速度，它的大小等于声音在每秒内传播的距离。影响声速的因素有哪些呢？

声速的大小跟介质的种类有关。

声音在不同介质中传播的速度不同。一般情况下，声音在固体中传播的速度最大，在液体中传播的速度次之，在气体中传播的速度最小。

声速的大小还跟介质的温度有关。

在 1 个标准大气压和 15℃气温的条件下，空气中的声速约为 340 米 / 秒。

超声速飞机的诞生

声速是指声音在空气中传播的速度。高度不同，声速也不同。人类发明的超声速飞机在飞行时，速度超过了声音的传播速度。所以对超声速飞机下了这样的定义：它是指飞行速度超过声速的飞机。当飞机飞行速度接近声速时，周围空气的流动态会发生变化，导致出现激波或其他效应，并且产生极大的阻力，使机身抖动、失控，甚至在空中解体，这就是音障现象。

一代代科学家克服探索路上的重重阻力，终于在 1947 年 10 月 14 日，由美国空军上尉查尔斯·耶格，驾驶 X-1 在 12800 米的高空飞行速度达到 1278 千米 / 小时，也就是 1.1015 倍的声速（1.1015 马赫），这是**人类首次突破音障**的胜利。

超声速战斗机突破音障瞬间

突破音障的超声速飞机

为了市场需要，超声速飞机按照功能又分为**超声速战斗机**、**超声速轰炸机**、**超声速运输机**、**超声速客机**、**超声速侦察机**、**超声速教练机**等。民用超声速客机的代表是英法联合研制的"协和"号超声速飞机。

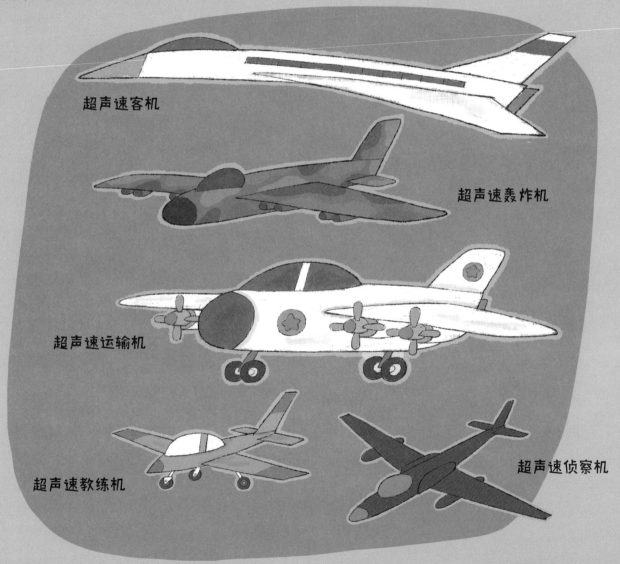

超声速客机

超声速轰炸机

超声速运输机

超声速教练机

超声速侦察机

速度与速率

速度的计算公式为：$v=\dfrac{s}{t}$ ，其中 v 表示速度，s 表示通过位移，t 表示通过这段位移所用的时间。

速率的计算公式为：$\dfrac{s_1-s_0}{t_1-t_0}$ ，这个公式也可以理解为——速率指的是运动物体通过的路程 $\triangle s$ 和通过这一路程所用时间 $\triangle t$ 的比值。两者在物理学中对应着不同的概念。

速度是矢量，有方向。速率是标量，只有大小，没有方向。

拓展知识 **关于标量和矢量**

标量指只有大小、没有方向的物理量，如质量、温度、密度等。

矢量指既有大小又有方向的物理量，如速度、加速度、位移等。

速率在日常生活中用得比较少，但在实验中或新科技的研发中使用得较多。因为科研人员能够根据速率制作函数图像，并且通过图像很清楚地看到物体在哪个阶段运动得更快、更活跃，以此说明某一个实验的结果是否成立。

矢量

汽车　飞机　船舶

我们用一个生活中常见的实例来说明：

假如一辆汽车以 100 千米 / 小时的速度朝东北方向行驶，那么：

速度 v=100 千米 / 小时

方向指向东北

风速知多少

明天的天气怎么样呢？

让我们打开电视，收看今晚的"天气预报"节目。

"明天是 12 月 1 日，全市天气晴朗，气温适宜，最高气温 9℃，最低气温 -3℃。今天的空气质量指数为 51，属于良好。市区的风向是东南，风力为 6～7 级，最大风速约 14 米 / 秒。"

你知道主持人所说的"风向""风力"还有"风速"，这些词汇都是什么意思吗？

风力与风速都是描述风的范围及力度的名词。风力是指：风吹到物体上所表现出的力量的大小。一般根据风吹到地面或水面的物体上所产生的各种现象，把风力的大小分为 13 个等级，最小是 0 级，最大为 12 级。

0 级烟柱直冲天

1 级轻烟随风偏

2 级轻风吹脸面

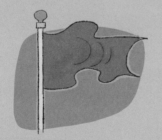

3 级叶动红旗展

4 级枝摇飞纸片

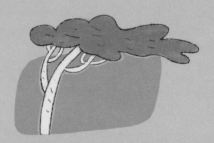

5 级带叶小树摇

6级举伞步行难

7级迎风走不便

8级风吹树枝断

9级屋顶飞瓦片

10级拔树又倒屋

11级、12级陆上很少见

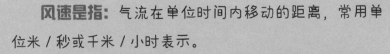

风速是指：气流在单位时间内移动的距离，常用单位米／秒或千米／小时表示。

风速是用什么仪器测量出来的呢？**风向标和风速仪。**

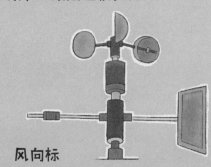

风向标

顺风与逆风时的速度为什么不一样

首先搞清楚，风是怎么来的？

空气在水平方向上的流动就叫作风。风是由于空气受热或受冷导致的从一个地方向另一个地方产生移动的结果。

在走路和骑车的过程中，你有没有过这样的感受：顺风与逆风时的速度不一样？

为什么会这样呢？风到底起了什么作用呢？

那是因为在逆风时，我们受到了风的阻力。

什么又是阻力呢？

妨碍物体运动的作用力，称为"阻力"。我们可以联想到划船时，船桨与水之间，水阻碍桨向后运动的力就是阻力。当风迎面吹来时，会产生一定大小的阻力，这个阻力的大小跟风的大小成正比：风越大，所产生的阻力就越大。反之，风越小，所产生的阻力就越小。

这叫阻力。

怎么划不动啊？

在顺风的时候，好像有一只无形的大手推着我们前行，我们既省力又节约时间，可惜遇到逆风的时候，我们就会感觉不那么轻松了。

顺风速度 = 无风速度 + 风速
逆风速度 = 无风速度 − 风速

龟速前行，我实在是蹬不动啦！

火箭的速度：马赫

马赫是表示速度的量词，如果换算成千米的话，1 马赫 =0.3403 千米 / 秒。

嗨！我是马赫。

马赫其实是一位奥地利物理学家的名字，由于是他首次引用这个单位，所以就用他的名字命名。马赫这个单位是在 15℃时和 1 个标准大气压下，飞机的速度与声音的比值。在前文"超声速飞机的诞生"中我们就提到过，1 马赫即为声速的 1 倍。

表示速度的单位——马赫，通常用在什么地方呢？

1. 飞机的速度约等于1马赫。

2. 美国现役的"民兵"系列洲际导弹，其最大飞行速度为26马赫。

3. 北美X-15是由北美航空所承制开发的一架火箭动力实验机，最高速度为6.85马赫。

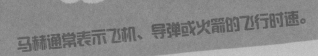

马赫通常表示飞机、导弹或火箭的飞行时速。

由于声音在空气中的传播速度随条件不同而发生变化，因此马赫也只是一个相对的单位，每"1马赫"的具体速度并不固定。在低温下声音的传播速度小些，1马赫对应的具体速度也就小一些。

"迈"的来历

细心的司机会关注到：驾驶进口车或者在国外开车上路的时候，它们的仪表盘上会有 mph 这个标志。

mph 代表什么意思呢？

"迈"是 mile（英里）一词的音译，简称为 mi。通常情况下"迈"表示距离，属于一种长度单位，1 迈 =1 英里（mile），在美国、英国等欧美国家广泛使用。

但有时，"迈"也可以作为速度的计量单位出现，用作计算时速或在道路上的限速，全称为英里 / 小时（miles per hour）缩写为 mph。

当仪表盘上的速度达到 50 千米 / 小时的时候，大家不要误以为 50 千米 / 小时就是 50 迈了。

这是为什么呢？

这是因为 **1 英里 ≈ 1609 米 =1.609 千米**。50 迈 ≈ 50 英里 / 小时 × 1.609=80.45 千米 / 小时，比 50 千米 / 小时足足多了 30.45 千米 / 小时呢！

这里有 50 千米 / 小时的限速？

匀速与变速

　　水面正上演着激烈的龙舟大赛。在龙舟的尾部敲响了鼓舞士气的锣鼓，一队龙舟好像离弦的箭一样，正在以 200 米 / 分的速度做着匀速运动。

　　匀速运动即匀速直线运动，是指物体的速度为一定值。此时物体在一条直线上运动，且在任意相等的时间间隔内通过的位移相等。

一队

　　一队的龙舟一路向前，只要速度保持不变，一直都是 200 米 / 分，它就是在做匀速运动。

一队

　　二队的龙舟起步时有一点慢，当时只有 190 米 / 分，被一队甩在了后面。不一会儿又以 200 米 / 分的速度赶了上来，后来达到了 210 米 / 分。二队的龙舟在最后的冲刺阶段居然达到了 220 米 / 分。急速前进的龙舟每分钟都比前 1 分钟多走了 10 米，这就是变速运动中所包含的**匀变速运动**。

二队

二队最终以 220 米 / 分全力冲向终点，赢得了本场比赛的冠军。二队在冲刺过程中速度明显提升的过程，我们称为：**变加速运动**。

胜利了！！

胜利了！

　　匀速直线运动不常见，因为物体做匀速直线运动的条件是不受外力或所受的外力和为零，但是我们可以把一些运动近似地看成匀速直线运动，如滑冰运动员停止用力后的一段滑行、站在商场自动扶梯上的顾客的运动等。当物体处于匀速直线运动时，物体受力平衡。

想不到二队的实力这么强。

二队在冲刺过程中的变加速运动扭转了战局呢！

汽车上的变速器

汽车上的变速器是一套用于协调发动机转速和车轮实际行驶速度的变速装置，用于发挥发动机的最佳性能。变速器是用于改变来自发动机的转速和转矩的部分，能够固定或分挡改变输出轴和输入轴的传动比，又称变速箱。

司机经常所说的挂挡、换挡是什么意思呢？挂挡（换挡）是指操纵变速器，以适应汽车在起步、加速、行驶以及克服各种道路障碍等不同行驶条件下对驱动车轮牵引力及车速不同要求的需要。

汽车各挂挡位英文字母分别代表什么意思呢?

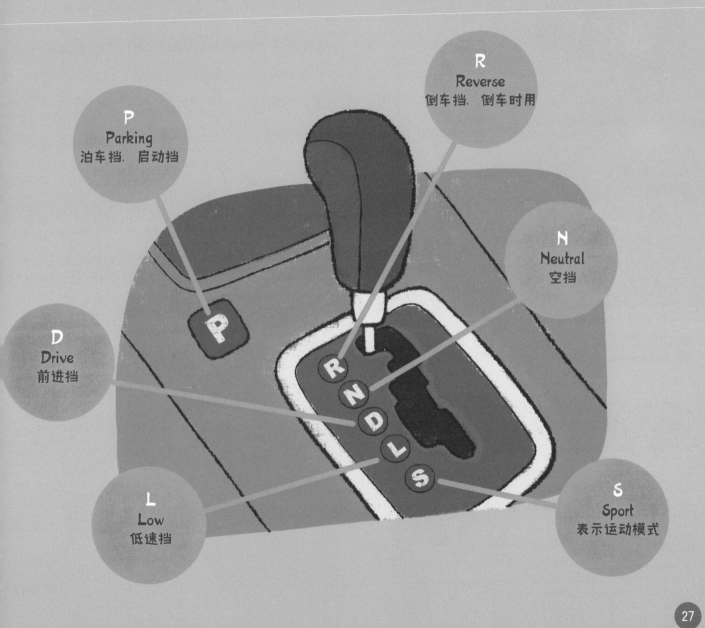

P Parking 泊车挡,启动挡

R Reverse 倒车挡,倒车时用

N Neutral 空挡

D Drive 前进挡

L Low 低速挡

S Sport 表示运动模式

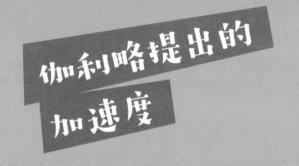

伽利略提出的加速度

加速度是速度变化量与发生这一变化所用时间的比值，是描述物体速度变化快慢的物理量，通常用 a 表示，单位是米／秒^2。

提出加速度概念的是意大利天文学家、物理学家，欧洲近代自然科学的创始人伽利略·伽利雷。伽利略被称为"观测天文学之父""现代物理学之父""科学方法之父""现代科学之父"。

伽利略研究了速度和加速度、重力和自由落体、相对论、惯性、弹丸运动原理，描述了摆的性质和"静水平衡"。

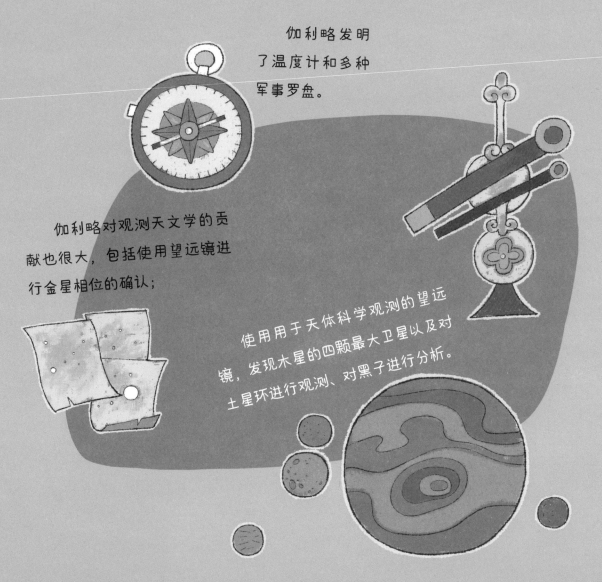

伽利略发明了温度计和多种军事罗盘。

伽利略对观测天文学的贡献也很大，包括使用望远镜进行金星相位的确认；

使用用于天体科学观测的望远镜，发现木星的四颗最大卫星以及对土星环进行观测、对黑子进行分析。

加速度概念的提出，是力学史上的一个里程碑。有了加速度的概念，力学中的动力学部分才能建立在科学基础之上。这些为牛顿正式提出牛顿第一定律、牛顿第二定律奠定了基础。

航速单位——节

我们平时形容在地上跑的火车、汽车、自行车等工具的速度时，一般是用千米／小时、米／秒或者英里／小时，而描述天上飞行的战斗机、导弹和火箭时一般用多少马赫来表示，那我们讲述在大海里运行的轮船、潜艇、军舰的行驶速度时，又会用到什么速度单位呢？

船员们合这样回答：通常是用多少"节"来表示行驶速度，那么这个"节"是什么意思呢？它又是怎么来的呢？

目前国际上，1 节 =1 海里／小时 ≈ 1852 米／小时 =1.852 千米／小时。

有办法了！

早在 16 世纪，由于对外贸易的扩大，海上航行已经非常普遍了，但那个时候船上还没有记录时间和航程的机械仪器，在一望无际的大海上又没有常见的参照物，因而船员们根本无法知道轮船的航速到底是多少，这真是个大大的难题。

聪明的船员终于通过自己的推论和实践克服了这一难题，他们在船航行时向海面抛出拖有绳索的浮体，同时利用沙漏计算时间，通过在固定时间内拉出的绳索长度来计算船速。为了能更加快速准确地计算出船速，船员就在绳索上等距离地打绳结，这样就能通过固定时间内拉出的绳结来计算出船速，这一简便的方法很快流传开来，于是**"节"就成了海上轮船速度的计量单位**。慢慢地，海上风速、海水流速、鱼雷速度、潜艇速度等也都用"节"这个速度单位了。

在中国，古人是如何测量航速的呢？ 三国时期身为丹阳太守的吴万震编写的《南州异物志》一书中有这样的记载：在船头上把一块木片投入海中，然后从船首向船尾快跑，看木片是否同时到达，以此来测算航速、航程。这是计程仪的雏形，一直到明代还在使用，不过规定得更具体些。

到了现在，随着科学技术的发展，可以显示船速，"抛木计速""抛绳计节"都已经成为历史，但"节"作为轮船的速度单位仍然沿用。

神奇的变速自行车

变速自行车是一种赛车，车轮细窄，目的是最大限度地减轻车身的重量，使骑行更加轻便、高速。

自行车变速系统的作用就是通过改变链条和前、后大小不同的齿轮盘的配合，来改变车速。

前齿盘的大小和后齿盘的大小决定了脚蹬自行车旋动时的力度。

·前齿盘越大、后齿盘越小时，脚蹬时越感到费力。

·前齿盘越小、后齿盘越大时，脚蹬时越感到轻松。

根据不同车手的能力，可通过调整前、后齿盘的大小调整自行车的车速，或是应对不同的路段、路况。

自行车的车架、轮胎、脚踏、刹车、链条等，基本部件缺一不可。按照各部件的工作特点，大致可将其分为**导向系统、驱动系统、制动系统**。

坐杆

外胎

后齿飞轮

变速器

鞍座

指拨

车架

刹把

刹车线

辐条

前齿轮

碟刹

脚踏

33

出膛的子弹

在军训中，我们很可能经历有趣的射击训练：瞄准靶心、扣动扳机。

你知道被射出的子弹，它的速度会是多少吗？

根据枪支和弹药的不同，子弹的飞行速度会有很大区别，**枪弹的速度一般是在声速上下。**

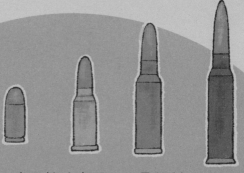

弹头质量越大，在同等速度下的能量就越高，远程飞行后的存速也会越好。

步枪，一般口径5.5～7.62mm，子弹出口速度约700～800米/秒，有效射程可达1000米！

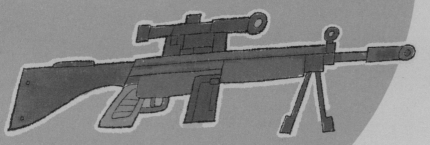

狙击步枪，一般口径5.5～12.7mm，子弹出口速度可达1000米/秒，有效射程800米以上。

你知道吗?

侵彻力也称贯穿力，是指弹头钻入或穿透物体的能力。

子弹侵彻力的大小主要取决于**弹头质量、弹头的截面密度**以及**命中物体时的速度**，通常以穿透一定物体的深度来表示。

你可真是神枪手！

枪枪中靶心。

用步枪朝天空垂直开枪，使用红外线探测器，对子弹进行全程追踪，测量得到的数据如下：

1. 子弹出膛速度为 650 米 / 秒；

2. 子弹在 13 秒时，达到最大高度 1100 米；

3. 子弹在 43 秒时，落回地面，落地速度为 95 米 / 秒。

成语"兵贵神速的"由来

兵贵神速的故事出自《三国志·郭嘉传》，发生时间是汉献帝建安十二年（公元207年），所牵涉的人物是曹操和郭嘉。

曹操的大军进至易县后，郭嘉对曹操说："用兵以行动迅速为可贵。如今我们千里奔袭敌军，所携带的军用物资众多，无法加快行军的速度，敌军一旦知道我军前来，必将提前做好准备。不如留下军用物资，轻兵兼程前进，出其不意，发动突然袭击。"

曹操采纳了郭嘉的意见，亲自率领轻骑秘密通过卢龙塞，直指单于的老巢。乌丸军队突然发现曹军出现在自己的面前，惊慌失措，仓促应战，结果被曹操杀得大败，单于蹋顿及其手下不少将领被杀，袁尚和他的哥哥逃往辽东。

你是不是很好奇，在真实的三国历史中，骑兵行军速度和步兵行军速度分别是多少呢？让我们来寻找真实的答案。古时兵种不一样，行军的速度也不尽相同。我们选取有代表性的几个兵种看一看：

重步兵2.5 千米 / 小时

近卫兵3 千米 / 小时

轻骑兵7 千米 / 小时

长弓兵3 千米 / 小时

弓骑兵7 千米 / 小时

冲车2 千米 / 小时

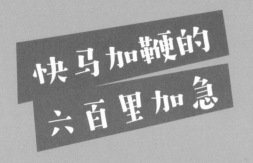

快马加鞭的六百里加急

在许多影视作品中，送出紧急情报时，官员常常命令下属要"六百里加急""八百里加急"。那么这两者有没有什么区别呢？他们的速度究竟有多快呢？真的能日行六百里、八百里吗？

我们要先从古代的驿站说起。驿站是古代为传递军事情报人员休息和换马的地方，那个年代传递信息只能靠人，交通工具就是马，跑长途就需要换马，跟车加油差不多。

其实早在商周时期就出现了类似的机构，那个时候传递信息用狼烟，比如"烽火戏诸侯"，就是点狼烟发布紧急军情，召人来救援。在汉朝时，就有了国家设立的驿站，大概是每隔15千米一个，这属于军事工程。到唐朝时有了更进一步的发展，出现了水驿站、陆驿站和水陆兼办驿站三种驿站。

平均下来，每个驿站 10 余人，这些驿站的人员除了传递信息外，还要负责照看马匹，对于马的状况要及时报告，更不能私自减少马匹。当时驿站所传递的军事情报大概分为两种：一种是作战的消息，一种是发生叛乱的消息，都是影响国家稳定的大事。这就要求驿站和驿辛配合传递情报，以实现消息的最快传递。

至于具体有多快？ 这也是有规定的。以清朝为例，军机处的公文通常会标注"马上飞递"，这个要求日行 300 里（150千米）就可以满足。如遇紧急情况，可每天 400 里（200 千米）、600 里（300千米），最快达 800 里（400 千米）。

"六百里加急"
"八百里加急"
用来表示情况的紧急程度。

原来是这样的啊！

见微知著的中国速度

  行驶速度低于 120 千米／小时的列车早已跟不上时代的脚步了。经过一代代铁路人艰苦卓绝的奋斗，高铁的行驶速度一步步攀升。如今，复兴号列车最高运营速度达 400 千米／小时，再如中国在 2022 年面向全球发布的磁浮列车，速度达 600 千米／小时。

  在高速铁路上跑的动车（列车），包括 G 字头列车、D 字头列车和 C 字头列车。低于 160 千米／小时的称为普速、介于 160 千米／小时至 250 千米／小时之间的称为快速、250 千米／小时以上的称为高速。

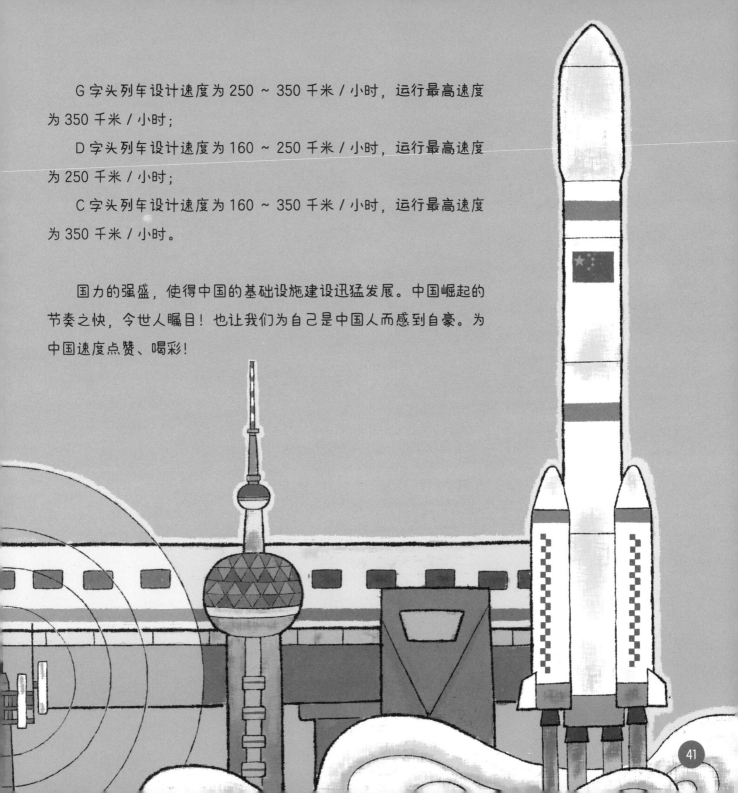

　　G 字头列车设计速度为 250 ～ 350 千米 / 小时，运行最高速度为 350 千米 / 小时；

　　D 字头列车设计速度为 160 ～ 250 千米 / 小时，运行最高速度为 250 千米 / 小时；

　　C 字头列车设计速度为 160 ～ 350 千米 / 小时，运行最高速度为 350 千米 / 小时。

　　国力的强盛，使得中国的基础设施建设迅猛发展。中国崛起的节奏之快，令世人瞩目！也让我们为自己是中国人而感到自豪。为中国速度点赞、喝彩！

图书在版编目（CIP）数据

绕不开的计量单位. 1，速度：猎豹跑得有多快？ /韩明编著；马占奎绘. -- 北京：电子工业出版社，2024.1

（超级涨知识）

ISBN 978-7-121-46825-4

Ⅰ.①绕… Ⅱ.①韩… ②马… Ⅲ.①计量单位 – 少儿读物 Ⅳ.①TB91-49

中国国家版本馆CIP数据核字（2023）第251673号

责任编辑：季　萌

印　　刷：当纳利（广东）印务有限公司

装　　订：当纳利（广东）印务有限公司

出版发行：电子工业出版社

　　　　　北京市海淀区万寿路173信箱　邮编：100036

开　　本：889×1194　1/20　印张：12.2　字数：317.2千字

版　　次：2024年1月第1版

印　　次：2024年1月第1次印刷

定　　价：138.00元（全6册）

凡所购买电子工业出版社图书有缺损问题，请向购买书店调换。若书店售缺，请与本社发行部联系，联系及邮购电话：（010）88254888，88258888。

质量投诉请发邮件至zlts@phei.com.cn，盗版侵权举报请发邮件至dbqq@phei.com.cn。

本书咨询联系方式：（010）88254161转1860，jimeng@phei.com.cn。